AF312309

MÉMOIRE

SUR LE HOUBLON,

SA CULTURE EN FRANCE,

SON ANALYSE, ETC.

IMPRIMERIE DE FAIN, PLACE DE L'ODÉON.

MÉMOIRE

SUR LE HOUBLON,

SA CULTURE EN FRANCE,

SON ANALYSE, ETC. ;

SUIVI D'UNE NOTICE SUR LES AVANTAGES DE SUBSTITUER, EN MÉDECINE, LA MATIÈRE JAUNE ACTIVE DU HOUBLON, AUX FLEURS DE CETTE MÊME PLANTE ;

PAR MM. A. PAYEN ET A. CHEVALLIER.

(Extrait des Annales de l'industrie nationale et étrangère.)

SECONDE ÉDITION.

PARIS,

BACHELIER, LIBRAIRE-ÉDITEUR

DES ANNALES DE L'INDUSTRIE, ETC.

SUCCESSEUR DE Mme. V^e. COURCIER,

QUAI DES AUGUSTINS, N°. 55.

1823.

MÉMOIRE

SUR LE HOUBLON,

SA CULTURE EN FRANCE, SON ANALYSE, ETC.

In labore spem (1).

————————◆————————

Lᴀ culture du houblon en Angleterre donne
des produits considérables ; elle est aussi très-ré-
pandue en Prusse, en Allemagne, en Belgique,
etc. : elle n'est pas encore naturalisée en France ;
cependant on y a déjà fait bien des essais infructueux, et quelques plans y ont réussi dans
nos provinces du nord ; on pensait assez généralement que le climat de nos autres provinces
n'y était pas favorable. Une expérience de trois
années sur la culture de plusieurs variétés de
cette plante dans deux campagnes aux environs

---

(1) L'intention des auteurs était de présenter ce Mémoire au concours ouvert, par la Société de pharmacie
de Paris, pour la meilleure analyse végétale ; mais un acci-
dent en ayant retardé la rédaction , il ne put être remis
à la commission des travaux dans les délais prescrits par
le programme.

de Paris , et sur deux points assez distans l'un de l'autre (l'un, plaine de Grenelle près des bords de la Seine; l'autre, à l'extrémité de Vaugirard la plus éloignée de Paris), nous a donné les moyens de combattre victorieusement cette erreur accréditée. Dès la deuxième année, nous avons obtenu une récolte abondante, et dont les produits appliqués à la fabrication de la bière concurremment avec plusieurs houblons étrangers, dans les mêmes proportions et des circonstances semblables , ont donné d'aussi bons résultats que les meilleures qualités des houblons importés en France. Ce n'est cependant, pour l'ordinaire , que vers la troisième année de la plantation que le houblon a acquis toute sa force, et peut donner ses produits plus beaux et plus nombreux ; aussi la vigueur que déjà nous pouvons remarquer dans les tiges de cette année nous promet-elle pour la récolte prochaine un succès plus complet encore.

La bière n'était, il y a quelques années, dans Paris et dans quelques grandes villes de France, qu'une boisson de fantaisie, de luxe, pour ainsi dire , et la consommation du houblon était peu importante dans notre pays ; c'est sans doute pour cela que l'on y avait négligé sa culture. L'habitude de tirer cette substance des pays étrangers établit peu à peu une prévention favorable aux houblons exotiques ; nous pensons qu'on ne doit pas laisser davantage ce préjugé s'enraciner en France; aujourd'hui que la bière, devenue par degré une boisson habituelle, a augmenté dans une proportion considérable l'emploi du houblon, nous devons aussi chercher à nous affranchir du tribut annuel que cette consommation nous force de payer à l'étranger.

Une considération importante milite en faveur du système qui tendrait à encourager la culture du houblon en France : en effet en améliorant et répandant sur notre sol cette culture, on déterminera certainement une plus forte consommation de bière ; cette boisson remplacera utilement le vin dans les mauvaises années, et il s'ensuivra généralement que nous pourrons exporter à l'étranger des quantités plus considérable de nos vins ; cette exportation doit être rangée dans la première classe, puisque ce produit inhérent au sol de la France ne peut être imité dans les pays étrangers, et par conséquent n'a pas à craindre d'être repoussé de leurs frontières par une industrie rivale.

Nous nous proposons de compléter cette année nos données sur la culture du houblon, et de publier alors les résultats de toutes nos observations : il serait d'ailleurs trop long (et ce serait nous détourner du sujet principal) de consigner ici toutes celles que déjà nous avons recueillies. Nous décrirons succinctement les caractères extérieurs des diverses parties de cette plante, pour arriver ensuite à l'analyse de son produit le plus intéressant. Le houblon, *humulus lupulus* de Linné, *lupulus fœmina*, est une plante de la famille des urticées, dioecie pentandrie, apétales, quatrième ordre, douzième classe de la Méthode de l'École de pharmacie.

Cette plante a des tiges velues, grêles, anguleuses, verdâtres, sarmenteuses, rudes au toucher, grimpantes, prenant sur la fin de la saison une consistance ligneuse (vers le pied surtout); elles embrassent étroitement les plantes qui les avoisinent, ou les perches qu'on implante à leur portée pour les soutenir. Les feuilles sont d'une couleur verte foncée, rudes au toucher, cordiformes, opposées, d'un goût amer, les baies légèrement aromatiques, découpées en trois ou cinq lobes, dentées en scie; des individus de sexe différent portent les organes de la fructification, et donnent lieu à des fleurs différentes : ces fleurs sont d'une couleur herbacée; les mâles disposées au sommet des rameaux en petits groupes paniculés, axillaires et terminals; elles sont composées d'un calice à cinq divisions, contenant cinq folioles oblongues et cinq étamines à filamens très-courts, portant des anthères oblongues. Les fleurs femelles naissent dans des cônes écailleux, comprimés, pédonculés, formant également de petites panicules dans les aisselles des feuillets; chacune d'elles est formée d'une écaille ovale, membraneuse, concave, et d'un ovaire supérieur, chargé de deux styles; le fruit est une petite graine arrondie, comprimée, verdâtre, enveloppée dans une petite tunique membraneuse contenant une amande blanche de nature oléagineuse (quoique d'une apparence blanche amylacée, elle ne contient pas d'amidon) ; elle est très-facilement altérable, et semble avoir été placée par la nature au milieu de ces groupes de feuillets, et entourée d'une matière résineuse, pour être mise à l'abri des influences de l'atmosphère : en effet, la substance jaune particulière, granulée, de nature résineuse, jouit, comme nous le verrons plus bas, d'une propriété conservatrice non équivoque. Cette substance, étant la matière active du houblon, d'après notre analyse, nous a paru être la partie la plus intéressante de ce végétal, sous le rapport de son application dans les arts et la médecine.

Si on examine séparément d'une manière comparative, ainsi que nous le verrons plus bas, chacune des autres parties du houblon (les feuillets membraneux, les feuilles, les fleurs proprement dites, les tiges, les racines, les graines), elles ne participent que très-peu de la nature de cette matière agissante, et peuvent toutes être considérées comme inertes, du moins relativement aux emplois du houblon indiqués jusqu'aujourd'hui.

On emploie le houblon en médecine, comme apéritif, tonique, anti-scorbutique, et dans les affections cutanées. Dans les arts, sa seule application est dans la fabrication de la bière ; il communique à cette boisson tout le goût qu'on lui reconnaît, l'empêche de s'aigrir et de se corrompre, et la rend plus propre à la digestion ; cependant un excès de houblon la rend narcotique et enivrante, etc.

La bière que nous avons faite avec la matière jaune granulée, séparée par le tamis des groupes de houblon, dans la proportion de 10 de cette matière équivalant 100 de houblon, était d'un jaune moins foncé, d'une odeur aromatique et d'un goût plus agréable (pour les personnes qui ne sont point habituées à des goûts de bière particuliers). Peut-être serait-il possible, dans le but de diminuer les frais de transport, de séparer, à l'aide d'un tamis ou de quelques moyens mécaniques particuliers, la plus grande partie de cette matière active du houblon, et de l'expédier plus facilement à de grandes distances, en employant d'ailleurs, dans les endroits les plus rapprochés de la culture du houblon, les feuillets séparés qui pourraient encore contenir quelques centièmes de substance active.

Les racines du houblon contiennent des traces d'amidon à peine sensibles', près la naissance des tiges , que l'on ne peut démontrer par les réactifs dans toute la partie ligneuse dure formant le cœur de cette racine , mais qui sont très-sensibles, et virent instantanément au violet la dissolution d'iode versée à quelques centimètres de la naissance des tiges sur le tissu cellulaire compris entre le cœur et l'épiderme. Coupées en cet endroit, les jeunes pousses du houblon, lorsqu'elles n'ont encore que 10 à 20 centimètres de hauteur , ont une saveur herbacée , sensiblement sucrée, un peu analogue à celle des champignons écrasés; et mises en contact avec de la levure bien lavée, elles donnent lieu à une fermentation très-active; et le produit fermenté soumis à la distillation après que le mouvement a cessé, il en est résulté une quantité sensible d'eau-de-vie (équivalant 0,15 d'alcohol à 36°) sans âcreté, ni huile essentielle.

L'iode n'indique pas sur ces jeunes pousses de traces d'amidon ; les tiges élevées à leur hauteur ordinaire ne donnent pas d'indices de la plus petite quantité d'amidon ; elles ont une saveur âpre, fade, herbacée, désagréable : incinérées, elles donnent 0,03 de sous-carbonate de potasse : nous n'avons pas poussé plus loin nos recherches sur ces tiges, dont l'analyse n'aurait probablement présenté aucun intérêt.

Les feuilles vertes du houblon n'ont pas non plus de caractères assez tranchés pour que nous ayons cru devoir examiner avec soin leur nature : elles ont une odeur particulière, un goût amer herbacé ; traitées par des opérations semblables à celles qu'on fait subir au tabac dans sa préparation, elles développent un montant analogue à celui de cette dernière substance.

Nous arrivons enfin à la partie la plus intéressante du houblon, la seule pour laquelle on cultive toute la plante, ces houppes d'écailles ou cônes membraneux qui contiennent la graine dans leur centre. On peut encore considérer comme inertes ou inutiles aux emplois qu'on fait de ces groupes (improprement appelés fleurs de houblon), les feuillets membraneux, le pivot, l'amande et le cortex de la graine ; la partie utile est cette matière jaune, granulée, agglomérée autour du pivot, et sous les aisselles des écailles membraneuses. En effet, cette matière présente seule les caractères saillans qu'on recherche dans le houblon ; mais, comme elle est très-adhérente aux autres parties, il ne serait pas facile de l'en séparer complétement ; on a trouvé plus simple de traiter le tout ensemble ; et cela se pratique ainsi dans tous les usages du houblon : nous avons d'abord soumis à l'examen ces

groupes tout entiers, et ensuite nous avons ana-
lysé cette substance jaune granulée, que nous
avons séparée à l'aide d'un tamis fin, afin de
n'avoir pas à opérer sur un volume considérable de substance, ce qui nous aurait empê-
chés de traiter une aussi grande quantité de matière active, et d'obtenir des résultats aussi
sensibles.

Analyse de la matière jaune.

Cette matière isolée est d'un jaune doré, en
petites graines formées d'une poudre impal-
pable et sans consistance, adhérente au pivot
et à la partie inférieure des feuillets, s'attachant
aux doigts et les rendant rudes, d'une odeur
aromatique pénétrante. Deux cents grammes
de cette substance mis dans une cornue avec
500 grammes d'eau distillée, ce mélange soumis
à la distillation, nous en avons obtenu, à l'aide
d'un appareil condensateur ordinaire, de l'eau
et une huile d'une odeur toute semblable à celle
de cette matière jaune (1); mais beaucoup plus
pénétrante, narcotique, très-âcre à la gorge;
il n'était pas facile de déterminer le poids de
cette huile essentielle, quoiqu'elle fût en assez
grande quantité, parce qu'elle est volatile, so-

---

(1) C'est l'odeur dominante du houblon et de la bière.

luble en grande partie dans l'eau , et adhérente aux parois du ballon servant de récipient ; cependant, par le poids de celle que nous avons pu recueillir, et en appréciant par approximation celle que nous n'avons pu rassembler, nous croyons pouvoir porter sa proportion , dans la matière jaune granulée, à 4 grammes pour les 200 grammes employés , ou 0,02 de cette substance ; et comme cette matière jaune est contenue dans le houblon dans le rapport de 0,10 , il s'en suit que le houblon contiendrait 0,002 d'huile essentielle environ.

L'eau que surnageait cette huile avait la même odeur que l'huile surnageante , mais moins forte. Au bout de quelques jours son âcreté disparaissait en partie ; elle était alcaline. Après l'avoir soutirée, nous avons recherché à quelle substance cette alcalinité était due ; à cet effet nous en avons saturé une partie par l'acide nitrique , et une autre partie par l'acide hydrochlorique. Ces deux dissolutions évaporées nous ont donné des résidus salins que nous avons examinés et reconnus être , l'un du nitrate, l'autre de l'hydrochlorate d'ammoniaque.

Voulant nous assurer si l'ammoniaque était entièrement à l'état libre ou en partie combinée dans cette eau, nous y avons ajouté un peu de dissolution de potasse , et nous avons fait évaporer rapidement, et le résidu salin obtenu, traité par l'acide sulfurique, a laissé dégager une quantité très-sensible d'acide acétique : l'eau aromatique que nous avons obtenue contient donc du sous-acétate d'ammoniaque.

La décoction provenant de la matière jaune que nous avions soumise à la distillation, et qui était restée dans la cornue, jetée sur un filtre pour en séparer la matière insoluble, ne peut être obtenue claire quoique filtrée à plusieurs reprises; évaporée, elle a donné un extrait acide d'une couleur jaune (couleur que les alcalis rendaient plus claire *et bien plus vive*). Cet extrait, traité par l'alcohol, a coloré ce liquide en jaune; la dissolution était acide; évaporée, elle laissa pour résidu un extrait jaune, amer, d'une saveur animalisée particulière, analogue à celle de l'osmazôme : nous pensâmes que cette substance pouvait y être contenue; en effet, les réactifs nous démontrèrent sa présence.

Pour séparer l'acide du résidu nous l'avons traité par l'acétate de plomb; le précipité, lavé à l'eau et à l'alcohol, délayé dans l'eau, et décomposé par l'acide hydrosulfurique, la dissolution claire évaporée a donné un extrait acide, rougissant le tournesol, se boursoufflant au feu, brûlant et donnant par sa combustion les produits des matières végétales, précipitant l'eau de chaux en flocons. Les nitrates d'argent et de mercure susceptibles d'être convertis en acide oxalique par l'acide nitrique, etc. : à toutes ces propriétés nous l'avons reconnu pour de l'acide malique.

La portion de l'extrait, non dissoute dans l'alcohol, redissoute dans l'eau, a donné, par l'évaporation, un extrait bien foncé que nous avons reconnu être un mélange de gomme, de matière amère et de sels solubles. Par l'alcohol nous avons séparé la plus grande partie de la matière amère, et une petite quantité de sels; la gomme restante incinérée nous a donné un résidu salin composé de sulfate et d'hydrochlorate de potasse; la matière insoluble dans l'eau, examinée avec soin, nous l'avons reconnue à ses caractères physiques et chimiques pour du malate de chaux.

La partie insoluble de la décoction restée sur le filtre et épuisée par l'eau en lotions, traitée par l'alcohol, jusqu'à épuisement complet, a laissé un résidu insoluble dans l'eau et l'alcohol, pesant 60 grammes; la dissolution alcoholique était d'une couleur jaune d'or très-belle; par l'évaporation elle a déposé une substance pâteuse d'une apparence semblable à celle des résines; une substance jaune pulvérulente s'y précipita en même temps, et la liqueur devenue aqueuse par l'évaporation de l'alcohol, était jaune. Ces trois parties distinctes séparées ont été examinées : la première a été reconnue pour une résine d'une couleur jaune d'or passant au jaune orangé par son exposition à l'air.

La deuxième, sous forme pulvérulente, était de même nature que la première ; sa division extrême seule lui donnait une apparence particulière ; une fois réunie en masse elle présenta le même aspect. La troisième en dissolution aqueuse était un mélange d'un peu de résine restée en dissolution avec une matière amère, soluble dans l'eau, l'alcohol et l'éther. Par des lavages à l'eau froide nous parvînmes à séparer toute la matière amère ; évaporée en consistance sirupeuse, elle présenta des caractères particuliers ; elle pesait 25 grammes.

Cette matière amère desséchée est blanche, jaunâtre, attire légèrement l'humidité de l'air ; mise dans la bouche, elle donne un goût amer ; prise intérieurement quoiqu'en petite quantité, par l'un de nous, elle anéantissait les facultés digestives et privait d'appétit. Cette action durait huit à dix heures ; elle ne cause aucune sensation narcotique comme paraît le faire l'huile essentielle ; elle est dissoluble dans l'eau, l'éther, l'alcohol, et communique à ces liquides son amertume. Elle présente avec les réactifs les phénomènes suivans :

Par l'acétate de plomb, aucun changement ;
— Le sous-acétate de plomb, rien ;
— Le nitrate de cobalt, . . . léger trouble ;

Houblon.

— L'hydrochlorate de pla-
tine , ... léger précipité inso-
luble, même dans
une grande quan-
tité d'eau ;
— Le nitrate d'argent, . . léger louche ;
— L'infusion de noix de
Galles , ... rien ;
— Le nitrate de mercure, louche ;
— Le muriate d'étain , . . léger trouble ;
— Le perchlorure de mer-
cure, ... précipité blanc ;
— Le sulfate de fer , . . . léger trouble ;
— Le nitrate de cuivre , . léger précipité.

Les trois fractions de résine réunies par la dissolution dans l'alcohol et l'évaporation pésaient 105 grammes. Cette résine présente les caractères suivans : elle est soluble dans l'alcohol, dans l'éther, colore ces véhicules en un jaune d'or, et donne par l'évaporation une résine qui, séparée du vase évaporatoire, se lève en belles écailles jaunes d'une lucidité parfaite : mise dans la bouche, elle communique au palais une saveur amère ; bouillie avec de l'eau distillée, celle-ci acquiert de l'amertume sans se colorer sensiblement ; traitée par les acides faibles, elle n'éprouve aucune altération ; elle est dissoute par les alcalis ; les acides la précipitent de ces dissolutions. La dissolution alcoholique ou éthérée de cette résine pourrait servir à colorer certains métaux, ainsi qu'on le fait avec la gomme gutte.

Enfin il nous restait à examiner la partie de la matière jaune granulée épuisée par l'eau et l'alcohol. Traitée par l'éther, elle a donné une dissolution légèrement colorée, qui, évaporée, laissait pour résidu une matière grasse mêlée d'une petite quantité de résine. Cette matière grasse ne formait qu'une très-petite quantité de ce résidu.

Le résidu épuisé par l'eau, l'alcohol et l'éther, contenait beaucoup de sable fin provenant du terrain sur lequel la récolte avait été faite ; le reste était du ligneux tellement divisé qu'il avait au toucher l'apparence de la fécule amilacée ; mais nous nous sommes assurés par diverses expériences qu'il ne contenait pas d'amidon ; soumis à l'action de la chaleur, ce résidu nous a donné 12 grammes de cendres contenant 8 grammes de silice (1). Les 4 grammes restans sont composés, en sels solubles, de sous-carbonate, de sulfate et d'hydrochlorate de potasse, et en sels insolubles, de carbonate et de phosphate de chaux, de traces de soufre et d'oxide de fer. Des cônes de houblon non épuisés inci-

---

(1) Cette silice provenait, comme nous l'avons dit plus haut, du sable ramassé avec le houblon.

nérés nous ont donné les mêmes produits (différens par les quantités). Les résultats de cette
analyse sont donc, pour 200 grammes de matière jaune granulée :

De l'eau ;

De l'huile essentielle, ...   4

De l'acide carbonique (1) ;

Du sous-acétate d'ammoniaque ;

Des traces d'osmazôme ;

Des traces de matière grasse ;

De la gomme ;

De l'acide malique ;

Du malate de chaux ;

D'une matière amère , . . .   25

D'une résine bien caractéri-
sée , ... 105 , 5

De silice , ...   8

Des traces de carbonate, d'hydrochlorate et de sulfate de
potasse ;

Du carbonate et du phosphate
de chaux ;

D'oxide de fer et de traces de
soufre.

Un essai comparatif, fait sur 200 grammes de
matière jaune provenant d'un houblon récolté

---

(1) Les traces d'acide carbonique se sont manifestées
pendant la distillation.

depuis trois ans, a donné en résultat d'analyse des traces seulement d'huile essentielle; mais 108 parties de matière résineuse, 24 de matière amère, une très-grande quantité d'alcali volatil combiné à l'acide acétique; dans ce cas une partie de l'huile essentielle se serait résinifiée, et les matières végétales qui l'accompagnent se seraient, par une fermentation, converties en acide acétique et en ammoniaque qui s'unissent pour former l'acétate d'ammoniaque.

Analyse du houblon français (1).

Ce houblon est blanc verdâtre, a une odeur forte, analogue à celle de tous les houblons, mais se rapprochant plus de celle du houblon anglais; sa saveur est amère, aromatique; il contient une très-grande quantité d'une poudre jaune très-amère, très-aromatique, qui prend aux doigts; cette poudre paraît contenir presque exclusivement ou du moins en très-grande partie la matière active odorante du houblon; en effet, une des écailles du cône des fleurs fe-

---

(1) Nous devons à M. *Chappelet*, l'un de nos brasseurs les plus distingués, les plants de diverses variétés de houblon (de Flandre, de Belgique, d'Angleterre, etc.) sur lesquels nous faisons des essais comparatifs relativement à la culture de cette plante en France, et à ses produits utiles.

melles, séparée à la moitié et mise dans la bouche, ne développe pas sensiblement de goût amer, à moins, comme cela arrive quelquefois, que ces parties de houblon ne soient imprégnées de matière jaune. Ce houblon attire l'humidité de l'air, et la quantité d'eau qu'il absorbe, terme moyen, est de 10 pour cent. Des essais analytiques ont déjà été faits par M. *Yves* et par M. *Lemaire de Lizancourt*. Nous n'avons pu nous procurer le travail du premier de ces chimistes, et nous avons su, depuis que nous nous sommes livrés à des recherches sur cette plante, que M. *Lemaire* avait fait un travail assez long qui ne peut manquer d'intérêt, sans doute, mais qu'il n'a pas encore publié.

Analyse.

Nous avons soumis à la distillation, de la même manière que dans l'analyse précédente, 5oo grammes de houblon dont la matière jaune n'était pas séparée. L'eau distillée obtenue était également surnagée d'une huile essentielle blanche, fluide, d'une odeur forte, narcotique, mais moins agréable et laissant distinguer une odeur fétide, ce que nous attribuâmes à la présence d'un peu d'hydrogène sulfuré.

L'eau que l'huile essentielle surnageait, soutirée, avait la même odeur que l'huile séparée; mais elle était sensiblement acide (tandis que

l'eau distillée sur la matière jaune était alcaline). Cette eau noircissait une lame d'argent
qui y restait plongée pendant quelque temps.
Dans le cours de la distillation il se dégagea une
petite quantité d'acide carbonique ; mais cette
quantité n'était pas assez grande pour communiquer à l'eau le caractère acide qu'elle présentait. Pour nous assurer de quelle nature était
l'acide en dissolution , nous saturâmes par la
potasse une certaine quantité de cette eau , et
nous nous apperçûmes pendant la saturation et
l'évaporation, d'un dégagement assez considérable d'alcali volatil. En faisant évaporer dans
une cornue nous obtînmes une eau alcaline présentant les propriétés d'une eau alcalisée par
une petite quantité d'ammoniaque ; elle pré-
cipitait le perchlorure et le nitrate de mercure.
Évaporée après avoir été saturée par l'acide nitrique elle donnait un résidu salin qui présentait tous les caractères du nitrate d'ammoniaque.
Le résidu de la saturation par la potasse, traité
par l'acide sulfurique, donnait une vapeur acide
qui a été facilement reconnue pour de l'acide
acétique auquel l'eau distillée de houblon devait
son acidité ; cet acide acétique était sans doute
combiné avec la quantité d'ammoniaque que
nous avons reconnue , et donnait lieu à un sur-
acétate d'ammoniaque. La petite quantité d'huile
essentielle qui surnageait l'eau distillée, exami-

née, présentait les mêmes caractères que celle séparée de la matière jaune ; cependant elle était un peu moins odorante et d'une odeur moins agréable ; cette eau contenait donc de l'huile essentielle, du sur-acétate d'ammoniaque et des traces de soufre.

La décoction des 5oo grammes de groupes de houblon restée dans la cornue, filtrée à plusieurs reprises, n'était jamais d'une limpidité parfaite : sa couleur était jaune ; elle n'avait pas l'odeur forte et narcotique ; avec les réactifs elle présentait les phénomènes suivans : 1°. elle rougissait le papier de tournesol ; le nitrate de barite y déterminait un précipité insoluble dans un excès d'acide nitrique ; ce précipité isolé était soluble dans l'alcali volatil. L'oxalate d'ammoniaque précipite très-abondamment cette décoction, et le précipité a une forme pulvérulente nacrée. La noix de galle donne lieu à un précipité floconneux assez abondant. L'acide nitrique produit un précipité floconneux. Le sulfate de fer y détermine un léger louche (et non pas, comme l'ont dit quelques auteurs de matière médicale, un précipité noir).

L'acétate de plomb donne un précipité jaunâtre très-abondant, mais la liqueur reste encore fortement colorée en jaune. Le sous-acétate produit un précipité plus abondant ; le précipité est d'une couleur jaune plus intense, et la liqueur surnageante a moins d'intensité de coloration. L'hydrochlorate de platine y produit un léger précipité.

Tous ces phénomènes semblent indiquer dans cette décoction la présence d'un acide libre, d'une matière animale, de chaux, de muriates et de sulfates.

La décoction de 5oo grammes de houblon filtrée a été abandonnée à elle-même dans le but d'en séparer la matière qui trouble la liqueur et qui ne peut être recueillie sur le filtre; cette matière s'est déposée, et après 36 heures, par la décantation, nous avons séparé une substance blanche, spongieuse, inodore, insipide, qui avait une apparence amilacée, mais qui, mise en contact avec de l'iode, n'a fait éprouver aucun changement à ce réactif; placée sur des charbons ardens, elle brûlait en donnant les produits des matières végétales.

Une décoction de houblon, évaporée, a donné un extrait brunâtre, amer, salin, qui rougissait fortement le papier de tournesol; il formait une pellicule grisâtre; cet extrait, traité par l'eau froide et filtré, a laissé sur le filtre un sel, qui, bien lavé, a été reconnu pour du malate de chaux; ce sel était accompagné d'une certaine quantité d'albumine que l'on pouvait séparer mécaniquement, car le sel était grenu, et l'albumine était en petites pellicules minces, grisâtres , qui , mises sur un charbon ardent , brûlaient en se retirant sur elles-mêmes, en donnant une odeur de corne brûlée , et un produit alcalin bleuissant le papier de tournesol rougi par les acides.

La liqueur d'où l'on avait séparé le malate de chaux et l'albumine par la filtration , évaporée en consistance d'extrait sec , a été enlevée du vase évaporatoire , et introduite dans une fiole, puis épuisée par des lotions successives d'alcohol à 36°. Ce liquide se colora en un beau jaune , et prit tout le goût amer que possédait l'extrait : cette dissolution alcoholique , évaporée lentement , laissa déposer de petits groupes salins , qui , isolés , ont été reconnus pour des cristaux de nitrate de potasse mêlés de petits cristaux grenus présentant le muriate de cette même base. Soupçonnant que ces sels n'étaient sans doute pas seuls dans ce liquide , et qu'ils pourraient bien y être accompagnés de quelques acétates , nous traitâmes une partie de cette liqueur concentrée par de la potasse caustique ; elle développa de suite une odeur vive et piquante d'alcali volatil. Une autre partie de ce même extrait , traitée par l'acide sulfurique, donna la liberté à de l'acide acétique , qui , quoique mêlé d'autres vapeurs acides, se faisait facilement reconnaître à son odeur piquante et agréable. Le résidu, traité par l'acide sulfurique,

resta clair au moment de l'essai , et laissa ensuite précipiter une petite quantité de poudre
blanche qui, recueillie, a été reconnue pour du
sulfate de chaux, provenant sans doute d'une partie d'acétate de chaux décomposé par cet acide.

Cet extrait contenait donc du nitrate de potasse , plus une certaine quantité d'acétate ,
d'ammoniaque et de chaux. Sa solution alcoholique rapprochée , traitée par l'eau , laissa précipiter une matière résineuse qui , bien lavée ,
présentait les caractères suivans : elle était d'un
jaune d'or ; vue en masse, elle paraissait brune et
se réduisait facilement en poudre ; mise dans la
bouche , elle faisait éprouver la même sensation
que la résine obtenue de la matière jaune ; mise
sur des charbons, elle brûlait à la manière des
résines , et donnait une odeur aromatique ap-
prochant un peu de celle que développe l'oliban
pendant sa combustion.

L'eau qui a servi à précipiter la résine et à la
laver, filtrée d'abord, et traitée ensuite par l'a-
cétate de plomb, a donné lieu à un précipité qui,
bien lavé à l'eau et à l'alcohol, délayé dans l'eau,
a été décomposé par l'acide hydro-sulfurique ; la
liqueur filtrée a donné par l'évaporation un extrait très-acide qui présentait toutes les propriétés de l'acide malique ; mais malgré tous nos soins
nous n'avons pu l'amener à l'état cristallisé. La
liqueur claire précipitée par l'acétate de plomb,

traitée ensuite par le sous-acétate, a laissé déposer un précipité d'un beau jaune semblable
au précipité produit par le chromate de potasse
dans la dissolution de plomb. Ce précipité bien
lavé, délayé dans l'eau, a été décomposé comme
le précédent par l'acide hydro-sulfurique ; la
liqueur claire, évaporée, a donné une matière
verdâtre d'une odeur et d'une saveur herbacées
particulières, soluble dans l'eau, l'éther et
l'alcohol ; nous croyons que cette matière re-
tient encore un peu de la matière amère du
houblon, qui lui laisse un peu d'amertume ;
mais ce goût est bien moins prononcé que celui
de la matière amère proprement dite.

Le liquide filtré, restant après les additions
successives d'acétate et de sous-acétate de plomb,
traité par l'acide hydro-sulfurique pour en séparer l'excès de plomb, évaporé après avoir
été filtré, donne un extrait amer dans lequel
on reconnaît toute l'amertume du houblon ;
cette substance ainsi isolée ressemble beaucoup
par sa saveur à celle de l'oignon ; elle est nau-
séabonde, désagréable pour nous, mais doit
être agréable pour les gourmets de bière qui
ont une longue habitude de cette boisson (1).
Cette matière avait de plus une saveur fraîche

---

(1) C'est ce goût que l'on peut remarquer dans les bières
fortes qui ont subi une longue coction, telles que la bière
rouge de Flandre, le porter des Anglais, etc.

et salée qui nous indiquait la présence de quelques sels ; nous l'abandonnâmes pendant quelque temps à l'évaporation spontanée , et nous y aperçûmes une foule de petits cristaux aiguillés ; pour les débarrasser de cette matière visqueuse dans laquelle ils étaient disséminés, nous essayâmes l'alcohol à 40° ; mais cette tentative fut vaine ; il fallut faire évaporer de nouveau et laisser cristalliser une seconde fois ; nous employâmes l'éther au lieu d'alcohol ; ce moyen eut un meilleur succès ; nous pûmes alors séparer les aiguilles qui, isolées et lavées à l'éther, ont été reconnues pour du nitrate de potasse.

L'eau-mère de ces cristaux de nitrate de potasse évaporée de nouveau nous a donné, en y ajoutant de l'alcohol, une nouvelle quantité de cristaux que nous avons séparés de la même manière que les précédens ; mais ceux-ci n'étaient plus du nitrate de potasse à l'état de pureté ; ils contenaient des traces de muriate, ainsi que le nitrate d'argent nous l'a indiqué.

Cette matière ainsi préparée et évaporée présente les mêmes phénomènes que la matière obtenue de la substance granulée jaune du houblon ; cependant nous lui avons trouvé encore un goût plus désagréable qui ressemble beaucoup à la matière que l'on rencontre dans beaucoup d'ognons, et particulièrement dans la couronne impériale (fritillaire). Sa dissolution, essayée par les réactifs, présente les mêmes phénomènes que ceux fournis par la matière amère extraite de la matière jaune granulée ; cependant au lieu d'un léger trouble fourni par le nitrate d'argent, nous avons obtenu un léger précipité ; il en a été de même avec l'hydrochlorate de platine ; mais ce précipité étant soluble dans l'eau, nous a donné lieu de penser que cette matière contenait une certaine quantité d'un muriate ; en effet, l'incinération qui s'est faite avec les marques d'une décomposition végétale, et en en donnant les produits, a laissé un résidu salin composé de sous-carbonate et d'hydrochlorate de potasse. L'extrait insoluble dans l'alcohol, après des lavages successifs, a été repris par l'eau. Cet extrait s'y est dissous en partie ; évaporé, il a donné un extrait composé en grande partie de gomme et de sels qui n'avaient pas été dissous par l'alcohol. Cet extrait divisé en deux parties, l'une a été incinérée, et a donné du carbonate, de l'hydrochlorate et des traces de sulfate de potasse.

L'autre partie, traitée par l'acétate de plomb, a produit un précipité qui, lavé, délayé dans l'eau et décomposé par l'hydrogène sulfuré, a donné, par l'évaporation de la liqueur filtrée, un extrait acide ; acidité qui était encore due à l'acide malique qui avait échappé à l'action dis-

solvante de l'alcohol. Cet acide était mêlé d'une
très-grande partie de matière végétale de nature gommeuse qui en masquait les propriétés.

La liqueur évaporée , après avoir été dé-
composée par l'hydrogène sulfuré et filtrée , a
donné un extrait gommeux qui avait toutes les
propriétés de la gomme , mais qui contenait des
sels à base de potasse.

*Traitement, par l'alcohol, des cônes du houblon
épuisés par l'eau.*

Les 5oo grammes de cônes écailleux qui
avaient été épuisés par l'eau et séchés , ont été
traités par l'alcohol à 36° , à la température de
l'ébullition, et filtré à ce degré de température :
la dissolution a déposé par le refroidissement une
matière d'apparence nacrée ; recueillie sur un
filtre et examinée, nous avons reconnu qu'elle
était de nature grasse , mêlée de matière résineuse verte ; redissoute dans ce véhicule, à
une chaleur assez haute pour ne pas attaquer
la résine, elle s'y est dissoute , et la liqueur filtrée l'a laissé précipiter par le refroidissement.
Ainsi privée de la plus grande partie de la matière résineuse, mais conservant cependant une
teinte verdâtre, cette matière est fusible à 70° du
thermomètre, volatile au-dessus, tache le papier
à la manière des huiles, et développe une odeur
de graisse.

La dissolution alcoholique d'où l'on avait séparé cette matière , évaporée , a laissé déposer, vers la fin de son évaporation, une matière résineuse d'un goût âcre , qui, lavée avec soin, a été reconnue pour la substance résineuse verte que l'on rencontre dans presque tous les végétaux, et que MM. *Pelletier* et *Caventou* ont nommée *chlorophile*. Cette chlorophile a été lavée avec une nouvelle quantité d'eau , jusqu'à ce qu'elle ne fournît plus rien à ce liquide ; traitée cependant, après ces lavages, par l'acide sulfurique étendu , nous avons obtenu une petite quantité de sulfate de chaux tenu probablement entre les parties de la chlorophile.

L'eau de lavage contenait un peu de la matière herbacée et de la matière amère du houblon. Voulant nous assurer si la matière sucrée que nous n'avions pas rencontrée dans le houblon n'avait pas échappé à nos recherches, nous mîmes dans un grand balon 500 grammes des groupes écailleux de cette plante , et après les avoir laissé tremper pendant deux heures dans l'eau tiède maintenue à 25° centigrades , nous y ajoutâmes 400 grammes de levure de bière bien lavée, en soutenant la température du mélange au même degré pendant trois fois vingt-quatre heures ; nous n'aperçûmes aucun mouvement qui pût indiquer de fermentation sensible, et un tube fixé hermétiquement , d'un bout au col du ballon, et dont l'autre bout plongeait dans l'eau de chaux, n'a pas fait apercevoir de dégagement sensible de gaz; l'eau de chaux fut légèrement troublée; mais on peut attribuer le dégagement d'une aussi petite quantité d'acide carbonique à la levure de bière; en effet, traitée isolément par l'eau tiède, cette dernière substance donne lieu à la formation d'une petite quantité de carbonate de chaux. Si le houblon contient de la matière sucrée, elle est donc en quantité si faible, que nous n'avons pu reconnaître sa présence.

Il nous restait à connaître le résidu de la combustion des cônes du houblon : 500 grammes de ces cônes, non lavés, ont donné, par leur incinération, 72 grammes de cendres, dont nous avons extrait 12 grammes de salin contenant 2,42 de sous-carbonate de potasse, et 9,58 de sulfate et d'hydrochlorate de potasse (1); les sels insolubles étaient du carbonate, du phosphate de chaux, des traces de phosphate de ma-

---

(1) 750 grammes de tiges de houblon séchées, et exposées à l'air pendant une année, ont donné 52 grammes de cendres, contenant 0,03, c'est-à-dire 2 grammes 5 de sous-carbonate de potasse (plus, les sels obtenus de l'incinération des fleurs).

Il est probable que si elles avaient été brûlées immédiatement après la récolte du houblon, elles auraient donné des quantités de potasse plus considérables.

Houblon.   3

gnésie , des traces de soufre , de la silice et de l'oxide de fer.

Les résultats de l'analyse que nous donnons ici ont été obtenus du houblon français (cultivé plaine de Grenelle , près de Paris). Les produits que nous en avons isolés sont :

L'eau ;

Une huile essentielle ;

Le sur-acétate d'ammoniaque ;

L'acide carbonique.

Une matière blanche , végétale , soluble dans l'eau bouillante, qui, précipitée par refroidissement , ne se redissout plus dans ce liquide.

Le malate de chaux ;

L'albumine ;

La gomme ;

L'acide malique ;

Une résine ;

Une matière verte particulière ;

Le principe amer du houblon ;

Une matière grasse , fusible à 70° ;

La chlorophile ;

L'acétate de chaux et l'acétate d'ammoniaque ;

Le nitrate, le muriate et le sulfate de potasse ;

Le sous-carbonate de potasse ;

Le carbonate et le phosphate de chaux ;

Des traces de phosphate de magnésie ;

Des traces de soufre ;

———— d'oxide de fer ;

———— de silice.

Observations sur quelques essais comparatifs faits sur les divers houblons.

Les houblons de Belgique et d'Angleterre ont été soumis comparativement aux mêmes analyses ; nous avons reconnu qu'ils contenaient les mêmes principes dont les proportions seules variaient.

Ainsi le houblon français contenait plus d'huile essentielle que le houblon de Belgique, et moins que ceux d'Angleterre.

Les houblons de récolte récente contiennent, toutes choses égales d'ailleurs , plus d'huile essentielle et moins de résine que les houblons anciennement recueillis ; ce qui nous fait penser que cette huile est susceptible d'être *résinifiée* par le temps. Les houblons anciens sont aussi plus foncés en couleur (ils prennent une couleur fausse de vieux chêne) ; leur décoction est aussi beaucoup plus colorée , et développe quelquefois un goût plus désagréable. Il faut, au reste , pour les conserver , éviter trop de sécheresse ou d'humidité , et les envelopper de toile en les réduisant , par la pression , sous le plus petit volume possible (1).

______

(1) On emploie à cet effet la presse hydraulique, et l'en

Les Anglais, pour vendre plus facilement les vieux houblons, les décolorent en les exposant à un courant de gaz acide sulfureux, et en les mêlant ensuite avec des houblons nouveaux. Cette fraude serait facile à reconnaître en les soumettant à la distillation avec l'eau : en effet, ils donnent en ce cas beaucoup moins d'huile essentielle ; leur décoction dans l'eau bouillante en même proportion a un goût aromatique sensiblement moins prononcé ; on en peut juger comparativement.

Nous bornons là, pour le moment, nos observations sur les houblons, nous proposant de publier plus tard la suite des recherches que nous continuerons de faire sur cette plante, si elles nous semblent présenter quelque intérêt.

Extrait d'une note de M. Planche, *sur le Mémoire de MM.* A. Payen *et* A. Chevallier.

Le Mémoire de MM. *Payen* et *Chevallier* contient une série de faits importans sur les avantages qui peuvent résulter de l'emploi de la poussière jaune du houblon dans la fabrication de la bière. On y voit que cette poussière jaune jouit à elle seule de toutes les propriétés qu'on avait attribuées pendant long-temps aux

---

réduit facilement, par ce moyen, le houblon sous un petit volume.

cônes entiers; qu'elle est le siége de l'huile volatile aromatique, du principe amer, de la résine, etc., toutes substances qui concourent à la bonne qualité de la bière, et à sa conservation; qu'étant une fois privée de la poussière jaune, les feuilles calicinales du houblon sont dépourvues d'odeur; qu'elles ne sont que faiblement amères, et qu'elles ne fournissent pas de résine *jaune* à l'alcohol.

Qu'enfin le houblon, si l'on peut s'exprimer ainsi, est tout entier dans la poussière jaune. Telle est l'induction vraiment *capitale* qu'ont dû tirer de leurs recherches MM. *Payen* et *Chevallier*.

Par un hasard singulier, le même sujet, envisagé sous le même point de vue, a été traité par M. le docteur *Yves*, de New-Yorck (1). Je me suis aussi occupé, ainsi que je l'établirai bientôt, de l'examen de cette substance, longtemps avant M. le docteur *Yves* et MM. *Payen* et *Chevallier* (2).

Nota. Avant la publication de notre Mémoire, nous n'avons pas eu connaissance de l'analyse

---

(1) *Annales philosophiques*, mars 1821.

(2) Plus loin M. *Planche* ajoute que, par suite de ses propres expériences sur le houblon, il est fondé à regarder l'analyse de MM. *Payen* et *Chevallier* comme plus exacte que celle de M. *Yves*.

de M. *Yves*, qui d'ailleurs est fort incomplète, puisqu'il n'indique que *six* substances dans la matière jaune du houblon, tandis que nous en avons démontré *dix-neuf*. Quant au travail de M. *Planche*, il nous aurait été bien impossible d'en faire mention, puisqu'il ne l'avait pas publié, et qu'il n'a communiqué ses notes à l'un de nous qu'après que nous eûmes présenté le nôtre à la Société de pharmacie, dans sa séance du 15 mai. (*Note des auteurs.*)

OBSERVATIONS IMPORTANTES

DE MM. A. PAYEN ET A. CHEVALLIER, RELATIVES A
LEUR MÉMOIRE SUR LE HOUBLON.

I°. *Examen du Mémoire de M. le docteur* Yves,
de New-Yorck, sur le houblon (1).

Lorsque nous publiâmes notre Mémoire sur les houblons, nous ne connaissions pas les résultats des essais que M. *Yves* avait faits sur cette substance. M. *Planche* ayant eu la complaisance de nous prêter ce Mémoire, inséré sous le titre, *A chimical Examination of the com-*

---

(1) Publié dans le journal anglais, *Annals of philosophy. London, march.* 1821.

mon hop, *etc.*, nous avons vu, en lisant attentivement ce travail, que des différences remarquables existaient entre les résultats de nos recherches sur le même sujet, et ceux indiqués dans le Mémoire anglais; après avoir répété quelques-unes de nos expériences, nous croyons être fondés à dire que l'analyse du docteur *Yves* est inexacte : nous avons cru devoir en citer quelques-uns des points les plus marquans.

1°. **Au commencement** et dans tout le cours de son *examen chimique*, M. le docteur *Yves* s'attache surtout à démontrer que les houblons ne peuvent pas devoir leur odeur à de *l'huile essentielle*, puisqu'il lui a été impossible de parvenir à en extraire la moindre quantité, en opérant même sur les houblons les meilleurs et les plus récens, ou bien encore sur la substance amère jaune qu'ils contenaient, substance que M. *Yves* a nommée *lupuline*. M. le docteur *Yves* a cru remarquer que l'*arome subtil*, volatil par la chaleur, etc., se trouvait dans tous les *extraits rapprochés* du houblon; il nous semble que c'est une contradiction qui résulte du Mémoire même de M. *Yves*. Nous pensons que l'arome est dû à une huile volatile qui, une fois éliminée par la chaleur, n'existe plus dans les extraits; ceux-ci sont d'une amertume et d'un goût particulier qu'on remarque à la vérité dans le houblon, mais ils n'ont plus l'odeur aromatique de celui-ci. En effet, nous avons obtenu de l'huile essentielle non-seulement des houblons récens de France et d'Angleterre, mais encore, quoiqu'en moindre proportion, des houblons gardés 5 ans dans un laboratoire où ils furent exposés successivement à la sécheresse et à l'humidité, à des températures hautes et basses ; nous avons présenté à la Société de pharmacie plusieurs échantillons de cette huile extraite de divers houblons. Il est facile de lui reconnaître les propriétés suivantes : elle est jaune verdâtre (on peut remarquer que la couleur jaune domine dans l'huile essentielle extraite des houblons ancïens, et la couleur verte, plus ou moins foncée, dans l'huile des houblons récens), fortement aromatique, très-fluide ; elle surnage l'eau distillée, bien qu'elle se dissolve entièrement dans une proportion d'eau suffisante, un dix-millième en solution. Elle communique à l'eau une odeur très-marquée et une partie de son âcreté, qui est très-forte, lorsqu'elle n'est pas étendue ; son poids spécifique est égal à 910, l'eau étant 1000 ; elle paraît se résinifier spontanément, puisque la résine est plus abondante et l'huile en moindre proportion dans les houblons ancïens, que dans ceux qui sont nouvellement cueillis (1). L'eau saturée d'huile essentielle de

_____

(1) Nous avons observé tout récemment qu'au mo-

houblon perd toute son odeur après avoir été filtrée sur un dixième de son poids de charbon animal; et le charbon sur lequel on a fait passer cette dissolution cède à l'alcohol une partie de l'huile essentielle qu'il avait enlevée à l'eau. Nous pensons donc, comme la plupart *des auteurs* qui ont parlé des *aromes*, que l'huile essentielle du houblon est le principe aromatique de cette substance, principe remarquable dans le goût de la bière. On sait que les brasseurs préfèrent le houblon nouveau au houblon recueilli depuis long-temps, ce dernier communiquant moins d'odeur à la bière, ce qui est dû à la volatilisation d'une partie de l'huile essentielle et à sa résinification spontanée (1).

2°. L'observation qui suit celle que nous venons de communiquer s'applique à la dénomination de la substance que nous avions appelée *sécrétion* ou *matière active* du houblon;

---

ment de la récolte, la sécrétion jaune (lupuline de M. *Yves*) est presque liquide et en gouttelettes sphériques à la base des folioles des cônes ; elle tache fortement le papier, et donne une très-grande quantité d'huile essentielle à la distillation. La proportion de résine est moins grande, et l'odeur aromatique est bien plus forte.

(1) Au bout d'un an, le houblon, suivant l'avis des brasseurs, a perdu au moins un seizième de sa force, et jusqu'à moitié dans quelques circonstances. Ils le paient

nous croyons pouvoir soutenir que le nom de *lupuline*, que lui a donné M. *Yves*, indique d'une manière inexacte cette matière sécrétée du houblon ; d'abord parce que le mot *lupuline* a été donné précédemment à un autre végétal. (Voyez le Mémoire de M. *Dubuc* sur la lupuline ; Société d'agriculture du département de la Seine-Inférieure.)

Notre tâche est cependant devenue plus difficile depuis que M. *Planche* a adopté la dénomination choisie par M. le docteur *Yves*; mais, persuadés d'être accueillis favorablement dans une discussion uniquement dans l'intérêt de la science, nous soumettons à notre savant collègue lui-même les motifs de notre opinion.

La similitude de terminaison dans les mots quinine, cinchonine, strichnine, brucine et *lupuline*, porte tout naturellement à ranger toutes les substances ainsi désignées dans la même classe, et c'était là l'opinion de M. *Yves*, opinion que M. *Planche* a développée en l'adop-

---

moins cher par cette raison; aussi les vendeurs, ceux d'Angleterre surtout, changent-ils quelquefois la date de leur mise en sacs, en surchargeant l'étiquette. Au reste, ces derniers conservent si bien le houblon, en le comprimant à l'aide de presses à vis en fer ou de presses hydrauliques, qu'il est souvent difficile de reconnaître son âge, puisqu'il n'a presque rien perdu de ses propriétés au bout de deux ou trois ans.

tant, lorsqu'il s'exprime ainsi : « La lupuline (1) est au houblon ce que la strichnine est
à la noix vomique, la quinine au quinquina,
etc. Nous ne pensons pas que ces rapports
soient les mêmes ; en effet, on remarque dans
les quatre premières substances citées l'ana-
logie la plus complète ; en est-il de même de la
dernière ? Quelles sont les propriétés caracté-
ristiques communes à tous les principes immédiats simples des végétaux pour lesquels les
terminaisons en *ines* sont reçues aujourd'hui ?
D'être pour la plupart alcalines, de saturer les
acides, et de donner lieu à des combinaisons sa-
lines ; d'être isolées les unes des autres par les
mêmes procédés à l'état de pureté, et de ne
pouvoir plus, arrivées à ce point, être divisées
en plusieurs substances différentes, mais seulement susceptibles d'être décomposées en leurs
élémens (2). Pourrait-on appliquer une seule
de ces propriétés bien tranchées à une sécré-

---

(1) M. Planche n'a absolument rien changé au nom
donné par le docteur Yves, car le mot anglais *lupulin*
correspond indistinctement aux deux genres français lupulin et lupuline.

(2) Toutes les substances dont la terminaison est en
ine ne sont pas alcalines ; mais elles sont reconnues simples : puisque nos réactifs connus n'en isolent aucun autre principe : l'inuline, l'almine, la glaïadine, etc.

tion parfaitement isolée pendant l'acte de la végétation (sous forme de petits grains arrondis, jaunes, translucides, que l'on aperçoit très-distinctement sans employer aucun moyen chimique pour les isoler davantage), composée de vingt principes immédiats des végétaux ou sels connus, qui tous répondent à des noms particuliers, ont des propriétés particulières à chacun d'eux, se séparent dans les opérations chimiques les plus simples, et ne présentent dans leur réunion, ni les uns ni les autres en particulier, aucune des propriétés qui caractérisent les alcalis végétaux auxquels cette matière a été comparée par M. *Planche?* On voit donc qu'en consacrant le mot *lupuline*, on présenterait une idée confuse qui nécessiterait une exception inutile; nous pensons qu'on ne doit pas l'adopter, et que la sécrétion jaune sera plus convenablement désignée par le nom de *matière active du houblon.*

3°. M. le docteur *Yves* propose de séparer la *lupuline* en totalité, et il en indique le moyen, qui consiste à faire dessécher complétement le houblon, à le secouer, le frotter dans un tamis, et à dessécher encore la *lupuline* pour la conserver : ici M. *Yves* recommande une précaution inutile, car, d'après son analyse, la lupuline ne contiendrait pas d'eau.

Nous avons reconnu, par des expériences répétées, que la matière active du houblon contenait deux centièmes d'eau ; mais le procédé de dessiccation que M. *Yves* emploie, n'en est pas moins vicieux. En effet, l'eau en se volatilisant entraîne toujours une certaine quantité d'huile essentielle ; cela se conçoit facilement : on peut d'ailleurs le démontrer directement ; il suffit pour cela de mouiller cette *matière active* après la première dessiccation , et de la dessécher de nouveau ; elle perdra encore cinq millièmes de son poids : il faut donc nécessairement que l'eau ait entraîné quelque chose dans son passage à l'état élastique. Enfin, il est impossible de séparer , par ce procédé mécanique, toute la matière jaune du houblon , bien que M. *Yves* ait assuré que l'on y parvenait facilement ; chacun, au reste, peut s'en convaincre, et remarquer , comme nous, que cette substance adhère aux doigts, au tamis , et par conséquent aux folioles des cônes du houblon (1). Cette adhérence augmente nécessairement par les frottemens que le houblon éprouve sur le tamis, et l'on conçoit qu'il devient impossible d'opérer une séparation complète , même dans

---

(1) Cette adhérence est plus grande lorsque le houblon est plus nouveau , parce que la matière jaune est plus molle en raison d'une plus grande quantité d'huile essentielle, par conséquent plus odorante , *et vice versâ.*

une petite expérience, et à plus forte raison dans une grande opération. En s'opiniâtrant à vouloir obtenir la plus grande quantité possible de la matière active, on finit par réduire en poudre une partie des feuillets légers; ils passent au travers du tamis, et se mêlent au premier produit obtenu. Aussi, ayant bien reconnu l'inutilité des efforts que l'on ferait pour parvenir à ce but, nous avons proposé dans notre Mémoire d'employer le houblon dont on a séparé seulement la quantité que l'on peut obtenir très-aisément de matière jaune granulée, dans les environs du lieu où il est cultivé, pour conserver et transporter *une partie seulement de cette matière active sans altération* (1).

4°. M. *Yves* dit que les brasseurs ne connaissent pas *la lupuline*. En effet, ils ne la connaissent pas sous ce nom, mais les brasseurs, en France comme en Angleterre, reconnaissent très-bien et depuis fort long-temps la matière jaune. Ils savent qu'elle constitue la partie utile et distinctive du houblon (2). Ils con-

(1) M. Planche nous a montré dernièrement de la matière active du houblon, qui s'était conservée parfaitement depuis plusieurs années dans un flacon hermétiquement bouché.

(2) Samuel Parkes dit positivement, dans ses *Essais*, que les houblons qui contiennent peu de cette poudre odorante qu'on retrouve au fond des sacs, sont peu estimés des brasseurs.

naissent bien les caractères odorans dus à cette huile, dont M. le docteur n'admet pas l'existence. C'est même en raison de la quantité de cette huile essentielle contenue dans les houblons, qu'ils apprécient leur valeur vénale; et ils en jugent très-facilement par un moyen fort simple, qui consiste à frotter une poignée de houblon dans les mains, à observer la matière adhérente, et à reconnaître ensuite l'odeur communiquée à la peau. Le houblon est d'autant plus estimé, que cette odeur qu'il laisse aux mains est plus forte; et, en effet, l'odeur est d'autant plus forte que la quantité d'huile essentielle est plus grande, et, par conséquent, les houblons plus récens ou mieux conservés.

5°. M. *Yves* dit que six livres de houblon donnent une livre de *lupuline*, ce qui équivaudrait à plus de seize pour cent. Or, en choisissant les meilleurs houblons, et les traitant avec précaution pour ne pas mélanger la matière active avec les débris des feuillets, il nous a été impossible d'en séparer plus de six centièmes, et c'est certainement bien assez de supposer quatre centièmes restés adhérens aux folioles des cônes; le maximum admissible serait donc de dix pour cent. A la vérité, si l'on continue un peu longuement le procédé mécanique conseillé par M. *Yves*, on parvient à faire passer au travers du tamis seize centièmes du poids du houblon, et c'est sans doute ainsi qu'il a obtenu cette quantité trop considérable de *poussière jaune*; mais, dans cette supposition, la poudre que M. *Yves* appelle *lupuline* serait composée de plus de trente-trois centièmes de folioles; avec un peu plus de patience encore, on ne peut douter que l'on ne parvînt à faire passer au tamis le houblon *tout entier*. Dans ce cas, on conçoit que le mot *lupuline* signifierait tout bonnement *houblon en poudre*.

6°. M. *Yves*, partant de cette supposition que le houblon contient seize centièmes de matière jaune active, déduit un calcul qui, en le conduisant à un résultat inexact, aurait pu lui démontrer que cette proportion de *lupuline* était fausse. En effet, il dit positivement qu'avec neuf onces de *lupuline* on fait une bière d'un goût plus fort et meilleur, qu'en employant cinq livres de houblon : or, les neuf onces de matière active représentent réellement plus de dix livres du meilleur houblon; il faudrait donc que la *lupuline* eût acquis une intensité d'action plus que double de celle qu'elle avait dans les cônes entiers d'où elle est sortie, ce qui est absurde.

7°. M. le docteur Yves, en terminant, présente quelques observations sur l'action de la *lupuline* dans l'économie animale, et propose de continuer l'étude de ses propriétés médicinales;

mais comment distinguer, parmi les effets divers que ce mélange de vingt substances pourra produire sur différens individus et dans différens cas, à laquelle des substances chaque action particulière sera due? Plusieurs d'entre elles ne pourraient-elles pas remplir des indications contraires, ou l'une neutraliser les effets que pourrait produire l'autre? Ne serait-il pas préférable de faire ces observations sur ces substances isolées, et notamment sur la *matière amère*, la *résine* ou sur l'*huile essentielle*, qu'il est si facile d'isoler, et dont les caractères sont si distincts?

8°. M. Yves n'a pas aperçu la matière grasse qui se sépare de l'alcohol après son ébullition sur le houblon ou sur la matière active (par refroidissement). Il a trouvé moins de résine qu'il n'y en a réellement, et cependant son analyse présente la sécrétion active du houblon comme composée de cinq substances en nombres ronds sans la moindre perte. Nous avons cru remarquer encore quelques inexactitudes dans le mémoire de M. le docteur Yves sur le houblon; mais nous ne nous sommes proposé ici que de signaler celles qu'il nous était facile de rendre évidentes.

II°. Notice sur les avantages de substituer, en médecine, la matière jaune active du houblon, aux fleurs de cette plante.

Les praticiens, dans l'emploi qu'ils font en médecine des cônes écailleux du houblon (1) (vulgairement *fleurs de houblon*), en obtiennent quelquefois d'heureux résultats; mais quelquefois aussi leurs soins sont infructueux.

Ces différences, dans la manière d'agir d'un même médicament, nous ayant vivement frappés, nous avons pensé qu'elles pouvaient bien tenir aux qualités des houblons employés.

En effet, dans le cours de nos expériences sur la culture du houblon, et par les analyses que nous en avons faites, nous avons reconnu positivement que la matière jaune est la matière active du houblon, et que, lorsque les folioles, à la base desquelles elle est fixée, en sont débarrassées, ces folioles n'ont plus ni odeur ni amertume, mais seulement une saveur herbacée.

La matière jaune pouvant varier, par la quantité, dans les houblons, suivant le sol, la saison, l'exposition ou la méthode de conservation, l'on s'aperçoit facilement qu'il y a là des difficultés, si l'on veut toujours prescrire le même médicament.

---

(1) *Humulus lupulus*. Linn.

Pour obvier à cet inconvénient, nous pensons qu'il serait convenable de remplacer les fleurs du houblon par la matière jaune qu'on en extrait, laissant à MM. les médecins le droit de prononcer sur l'opinion que nous émettons. Mais, en supposant que cette opinion soit adoptée par les praticiens, nous allons établir une désignation numérique des quantités de matière jaune correspondantes à une quantité donnée de houblon.

D'après nos premiers travaux sur ce végétal, il est bien constant que le houblon de bonne qualité (et ces essais ont été faits sur des houblons français et étrangers), contient dix centièmes de matière jaune. Ainsi dix parties de matière active en représentent cent de houblon, et le médecin qui voudra ordonner un sirop préparé avec une livre de houblon , peut ordonner le même sirop en désignant douze gros trente-six grains de matière active. Il aura un sirop plus promptement préparé, plus aromatique, et qui, selon toutes les probabilités, possédera plus de propriétés actives.

Deux gros trente-six grains de la *lupuline de M. Yves*, pris en pilules, représentent le cinquième d'une livre de houblon, c'est-à-dire, trois onces et quelques fractions.

Nous croyons devoir appeler l'attention de MM. les praticiens sur un médicament énergique, et qui peut être facilement administré.

Le docteur Yves, M. Freack (*Pharmacopæia Rhutenica*), ont beaucoup parlé des propriétés de cette matière. M. le docteur Desroches a cru remarquer un principe narcotique dans l'huile; principe que M. Yves a placé dans la matière résineuse. Malgré ces différences, cette sécrétion, nous le répétons, peut être très-utilement employée en médecine.

M. Planche a consigné dans le Journal de Pharmacie, N°. VII, juillet 1822, le mode de préparer quelques médicamens avec la matière jaune du houblon.

FIN